Anke Weiland

Traditionelle Landschaftsgeographie

GRIN Verlag

Bibliografische Information der Deutschen Nationalbibliothek:

Die Deutsche Bibliothek verzeichnet diese Publikation in der Deutschen National-
bibliografie; detaillierte bibliografische Daten sind im Internet über http://dnb.d-
nb.de/ abrufbar.

Impressum:

Copyright © 2009 GRIN Verlag GmbH
Druck und Bindung: Books on Demand GmbH, Norderstedt Germany
ISBN: 978-3-656-73199-3

Dieses Buch bei GRIN:

http://www.grin.com/de/e-book/280059/traditionelle-landschaftsgeographie

FAU Erlangen
Seminar „Neue Kulturgeographie"
Prof. Dr. Glasze

Die traditionelle Landschaftsgeographie im 19. und frühen 20. Jahrhundert

Anke Weiland

Inhaltsverzeichnis

1 Geographie im Wandel der Zeit

Beschreiben, zeichnen und erstellen von Karten waren die vorrangigen Aufgaben des traditionellen Geographen. Ein „reisender Berichterstatter", der seine Expeditionen auf Papier kartiert mit dem Ziel, das jene angefertigten Karten zur Orientierung auf der Erdoberfläche dienen mögen (vgl. Werlen 2008: 84f).

Dieses traditionelle Bild sowie die damit verbundene Vorgehensweise prägte die Geographie bis ins 20. Jahrhundert hinein sehr stark und auch heute noch –wenn auch in sehr viel geringerem Maße- sind Spuren davon zu finden. Man könnte die Landschaftsgeographie als die Wurzeln, aus denen die heutige Geographie gewachsen ist, bezeichnen.

Die Landschaftsgeographie passte sehr gut in dieses traditionelle geographische System, nahm sogar eine sehr wichtige Rolle darin ein. Warum ihr eine so wichtige Position zugeschrieben wurde und wie es zum Untergang derselben kam, soll diese Seminararbeit erläutern.

Nachdem die wichtigsten Begriffe definiert sind, soll auf Methoden und Vorgehensweisen eingegangen werden. nächsten Teil der der Arbeit werden Definitionen und Methoden kritisch betrachtet. Diese kritische Betrachtung soll klären, warum die traditionelle Landschaftsgeographie heute in dieser Art und Weise nicht mehr existiert, wie es zu der „unbemerkte[n] Selbstauflösung der Landschaftsgeographie" (Schultz 1980: 251) kam.

2 Begriffsklärungen

2.1 Definition der Landschaftsgeographie

Unter dem Begriff Landschaftsgeographie verstand man die Betrachtung einer Landschaft. Dazu wurden allerdings lediglich die physiogonomischen, also die Dinge, die für das menschliche Auge sichtbar sind, beachtet und behandelt. Die naturwissenschaftlichen Aspekte oder auch die ökologischen Aspekte blieben dabei weitgehend unberücksichtigt. Heute wird der Begriff „Landschaftsgeographie" größtenteils nur noch zur Bezeichnung eines historischen Zustandes (vgl. *Dierke* 1997: 443).

2.1.1 Einordnung der Landschaftsgeographie

Am besten gelingt eine Einordnung, indem man die traditionelle Landschaftsgeographie im System der traditionellen Geographie betrachtet.

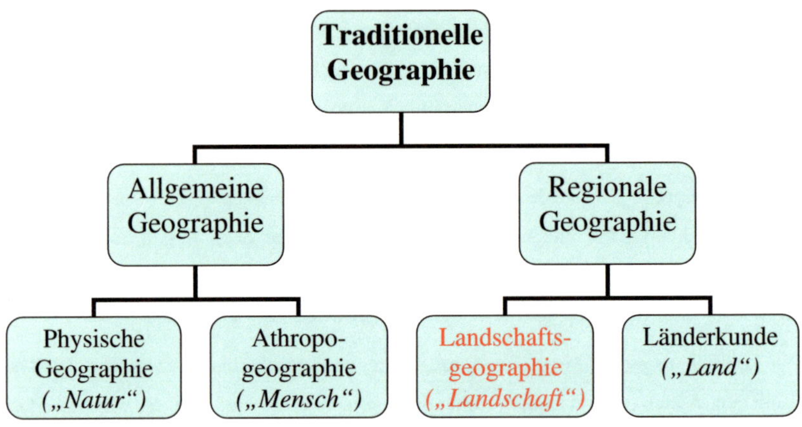

Abb. 1: Die traditionelle Geographie (Werlen 2008: 86, verändert)

Wie gut zu erkennen ist, gibt es in der traditionellen Geographie die zwei Hauptzweige der „Allgemeinen Geographie" und der „Regionale Geographie". In der „Allgemeinen Geographie" finden sich als die zwei wichtigen Unterkategorien die „Physische Geographie" mit dem Hauptaugenmerk auf die ‚Natur' und die „Anthropogeographie" mit dem Untersuchungsgegenstand ‚Mensch'. Der zweite Hauptzweig, die „Regionale Geographie", welche im 19. und frühen 20. Jahrhundert den wichtigeren darstellt (vgl. Werlen 2008: 87f), findet sich die „Landschaftsgeographie", welche sich mit der ‚Landschaft' beschäftigt und die „Länderkunde", welche sich auf das ‚Land' konzentriert (vgl. Abb. 1).

In den 20er und 30er Jahren war es die Regionale Geographie, welche als besonders wichtig angesehen wurde. Grund hierfür ist, dass der zu untersuchende Gegenstand, die Landschaft, als *das* zentrale und wichtige Objekt der Geographie angesehen wurde. Die gesamte Geographie, so ging man in dieser Zeit aus, baute auf der Landschaft auf (vgl. Schultz 1980: 228f).

2.1.2 *Landschaftsgeographie- Landschaftskunde-Länderkunde*

Neben der Einordnung des Begriffes der Landschaftsgeographie ist es zusätzlich sinnvoll, diesen gegenüber der „Landschaftskunde" abzugrenzen. Zum einen sind diese beiden Begriffe eng miteinander verwandt, zum anderen wird in der Literatur häufig nicht oder kaum zwischen „Landschaftsgeographie" und „Landschaftskunde" unterschieden.

Während es sich bei der Landschaftsgeographie um die „(…) genetische [historische] Deutung des heutigen (Kultur-) Landschaftsbildes (…)" handelte, war die Landschaftskunde „(…) „Morphologie" oder „Morphogenese" der Kulturlandschaft" (Hard 1973: 156).

Auch ist es hilfreich, die Länderkunde aufgrund ihrer Ähnlichkeit zur Landschaftsgeographie genauer zu definieren. Länderkunde bedeutet die Beschreibung und Abgrenzung von Ländern. Die Ähnlichkeit zur Landschaftsgeographie rührt daher, dass man davon ausging, mehrere Landschaften würden ein homogenes Ganzes, also ein „Land" bilden (vgl. Werlen 2008: 94).

2.2   Definition der Landschaft

Da die Landschaft das entscheidende Objekt darstellt, ist es unerlässlich auch hierfür eine Definition zu geben. Nicht zuletzt weil die Definition von Landschaft in der traditionellen Geographie nicht unbedingt mit dem heutigen Verständnis konform geht.

Es gibt wohl kaum eine Wissenschaft, die es sich nehmen hat lassen, „Landschaft" zu definieren oder zumindest zu verwenden. Nur am Rande seien die Biologie oder die Jura erwähnt. Doch allein die Geographie bietet unzählige Variationen und Möglichkeiten, sodass es lediglich möglich ist, die Auswahl herauszugreifen, welche in Bezug auf die zu behandelnde Zeit repräsentativ erscheint. Die jahrzehntelange Diskussion in der Geographie um eine richtige, korrekte und unanfechtbare Formulierung erklärt die vielen Entwürfe.

Vorweg zu nehmen sei, dass unterschieden wird zwischen der anthropogen unbeeinflussten „Naturlandschaft" und der anthropogen beeinflussten „Kulturlandschaft". Der unberührte Regenwald oder das Hochgebirge wären Beispiele für ersteres, eine Stadt oder ein Acker Beispiele für letzteres (vgl. *Lexikon der Geographie*: 286 u. 421f). Die traditionelle Geographie beschäftigte sich allerdings größtenteils mit der Kulturlandschaft.

Nach BOBEK und SCHMITZHÜSEN bezeichnet Landschaft „einen beobachtbaren, individuellen ‚Gesamtinhalt eines Teilstücks der Erdoberfläche'" (Werlen 2008: 90 zit. nach Bobek u. Schmitzhüsen). Da diese Begriffserklärung recht kurz und präzise gehalten ist, soll im Folgenden auf weitere Aspekte der Sichtweise in Bezug auf die Landschaft eingegangen werden.

Um es mit den Worten von SCHULTZ zu sagen, „[beginnt] die ‚Landschaft' des Geographen (…) bei der ‚Landschaft' der Primärsprache" (Schultz 1980: 229). Belegt wird dies durch ein Zitat CAROLS von 1946, in welchem die Landschaft beschrieben wird.

„Ein Blick aus dem Fenster lässt uns einen gewissen Ausschnitt aus der dinglich erfüllten Erdoberfläche und der Atmosphäre erfassen. Die Grundlage des sinnlich wahrnehmbaren Bildes stellt das Relief dar (…). Auf diesem Substrat [dem Relief] und unter dem alles umgebenden Luftkörper findet sich eine Vielzahl einzelner Objekte oder Gruppen von Einzelobjekten: Wälder, Obstbäume, Wiesen, (…), Dörfer, Städte usw., lauter Objekte, die vom Menschen geschaffen wurden (…)" (Schultz 1980: 229 zit. nach Carol 1946)

Damit diese Seminararbeit terminologisch nicht ausufert, sollen die wichtigsten Punkte im Folgenden nur knapp umrissen werden.

Es handelt sich in der traditionellen Geographie um eine *ganzheitliche Sicht* auf die Landschaft. Sie wird als „Totalcharakteristik" begriffen, als etwas „Holistisches". Dies bedeutet, dass alle Kräfte des Systems Landschaft bestimmt und bekannt sind (vgl. Schultz 1980: 229ff).

Die *Physiogonomie*, also die „Erscheinung" der Landschaft beruht auf „natürlichen Grundlagen". Die Zusammensetzung der Geofaktoren, die das Erscheinungsbild der Landschaft bestimmen, ist einmalig. Aufgrund dessen, so die Folgerung, sei lediglich eine Beschreibung der Landschaft möglich, was die Geographie somit als eine beschreibende, aber nicht erklärende Wissenschaft auszeichnete (vgl. Werlen 2008: 90).

Oft wird auch der Begriff einer *geographischen Gestalt* verwendet, die etwas *organologisches* an sich hat, also einer stetigen Veränderung unterliegt. Anschaulich könnte man dies vergleichen mit einem Menschen, der wächst, altert, sich die Haare schneidet usw.

Als letzter wichtiger Aspekt sei das Bestreben nach *Harmonie*, nach einem *Gleichgewicht* genannt. Konkret gemeint ist hier die Beziehung zwischen dem Mensch und der Natur (vgl. Hard 1973: 161). Die Handlungsmaxime ist das Erreichen eines harmonischen Gleichgewichtes zwischen den beiden. So bezeichnete man „Traditionelles" oder „Altes" wie Ackerwirtschaft als gut, „Modernes" oder „Neues" wie etwa Industrie hingegen als schlecht (vgl. Schultz 1980: 236 sowie Werlen 2008: 91f zit. nach Egli).

3   Methoden und Vorgehensweisen

Es herrschte keine Einigkeit darüber, wie vorgegangen werden muss, um eine Landschaft zu analysieren. Es gibt verschiedene Verfahren und Techniken, richtig einig jedoch wurde man sich nicht.

Im Kern haben diese Methoden jedoch ein gemeinsames Ziel- die Landschaft zu erklären. Um dies zu können, findet eine Aufgliederung derselben statt. Bemerkenswert ist auch, dass dem Menschen stets eine recht wichtige Rolle zukommt.

Um die verschiedenen Methoden vergleichen zu können werde ich eine Methode aus einem Lehrbuch von WERLEN vorstellen, eine Vorgehensweise aus der Fachliteratur wie HARD sie beschreibt und eine Betrachtungsart nach PASSARGE, der die traditionelle Landschaftsgeographie selbst betrieben hat.

3.1   Analyse nach WERLEN

Der Landschaftsgeographische Ansatz geht nach der Analyse von WERLENs Lehrbuch folgendermaßen vor. Es werden zwei Aspekte unterschieden, der „strukturelle Aspekt" und der „funktionale Aspekt" (vgl. Abb. 3).

Der strukturelle Aspekt der Landschaft gliedert sich in drei Ebenen: Die abiotische Naturlandschaft, die biotische Naturlandschaft und die anthropogene Kulturlandschaft.

Im zweiten Aspekt, dem funktionalen, werden die Wirkungszusammenhänge der eben genannten drei Ebenen untersucht. Besondere Bedeutung erhält hier wieder der „Faktor Mensch" (vgl. Werlen 2008: 90f).

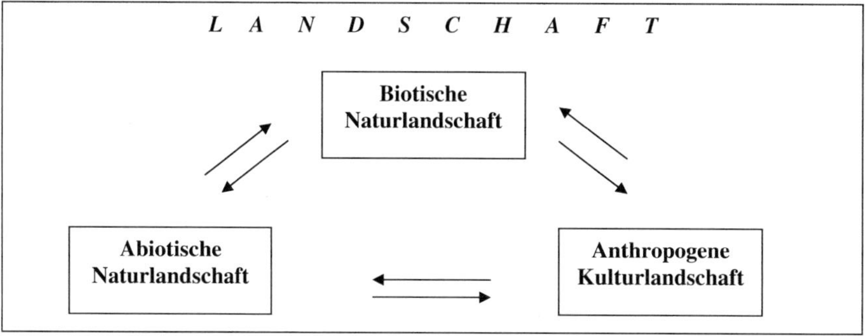

Abb. 2: Analyse nach Werlen (Graphik d. Verfasseres)

Das Ziel ist demnach die Ordnung und die Gliederung der Landschaft: „In der Einteilung der Dinge nach ‚Schichten' oder ‚Stufen' verschiedener ‚Seinsbereiche' haben wir ein brauchbares Ordnungsprinzip" (Schultz 1980: 235 zit. nach Schmithüsen 1976)

Die Deutung oder Interpretation einer Landschaft fällt allerdings je nach Kultur oder Gesellschaft anders aus. Dies ist der Punkt, an dem WERLENs Kritik ansetzt. Das die „(…)

Bedeutung der gesellschafts- und kulturspezifischen Interpretationen der natürlichen Grundlagen nicht berücksichtigt (…)" (Werlen 2008: 91) wird. Gemeint ist also, dass ein Amerikaner eine deutsche Landschaft anders beurteilen und betrachten würde als ein Deutscher.

3.2 Passarges Vorgehensweise

Passarge geht erklärt die Landschaft so, dass es bestimmte *Landschaftsbildner* gibt, die die Landschaft maßgeblich beeinflussen. Er gliedert dabei folgendermaßen:

- Anorganisches Naturreich (Fest, Flüssig, Gasförmig)
- Organisches Naturreich (Pflanzen, Tiere, Menschen).

Das dem Menschen eine besondere Rolle zukommt, zeigt dieses Zitat von PASSARGE: „Der Mensch ist aber nicht nur als physisches Wesen, sondern vor allem auch als Gestalter der Länder für den Geographen wichtig" (Lautensach 1938: 23 zit. nach Passarge).

Die „Landschaftsbildner" wirken auf die Erdoberfläche ein und somit entstehen verschiedene *Einzelräume*. Als Beispiele für solche werden bestimmte Hausformen, Anbaupflanzen, Sprachen oder Vegetationsformen genannt. Konkret formt also die Verbreitung des niedersächsischen Bauernhauses einen Einzelraum.

Diese „Einzelräume der gleichen Gegend überdecken bzw. durchdringen einander" und so, folgert PASSARGE, entstehen die *Landschaftsräume*. „Diese [Landschaftsräume] sind somit zusammengesetzte Räume, deren Wesen durch die Eigenart der sich in ihnen durchdringenden Einzelräume bestimmt wird", so PASSARGE (Lautensach 1938: 23 zit. nach Passarge). Zu beachten sei hier, dass die Einzelräume keine isolierten Räume darstellen, sondern sich gegenseitig beeinflussen (vgl. Abb. 2). Aufgrund dessen, so die Folgerung, sei ein Landschaftsraum als „Ganzheit" oder „Gestalt" anzusehen und nicht als eine reine Zusammensetzung der Einzelräume.

Ein weiteres wichtiges Stichwort sind „tote Formen", wie LAUTENSACH sie nennt, oder „Vorzeitformen", wie PASSARGE sie nennt, gemeint ist dasselbe. Dabei handelt es sich um „Überbleibsel" aus früherer Zeit, die die Landschaft in ihrem Erscheinungsbild (immer noch) beeinflussen. Als Beispiele angeführt werden hierfür Moränenzüge des Eiszeitalters, Burgruinen oder Bergwerkshalden (vgl. Lautensach 1973: 27).

Landschaftsbildner

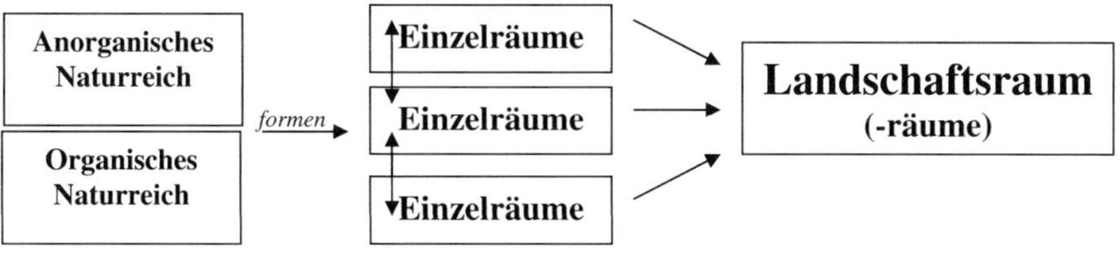

Abb. 3: Gliederung von Landschaften nach Passarge (Graphik d. Verfassers)

3.3   Analyse nach Hard

Nach Hard ist oder war „Landschaftsgeographie (…) durch ihren Grundsatz geneigt, die Landschaft als eine Art Palimpsest zu lesen" (Hard 1973: 163). Gemeint ist hiermit, dass Landschaften sich verändern und demnach in der Gegenwart nicht mehr aussehen wie in der Vergangenheit. Allerdings ist eine Rekonstruktion der Vergangenheit möglich.

In diesem Zusammenhang sei erwähnt, dass Hard Landschaftskunde (also die Morphogenese der Landschaft) in verschiedene Varianten gliedert. Als wichtigste Variante sieht er die historische Landschaftskunde an. Die enge Verknüpfung mit der Landschaftsgeographie erläutert ein Zitat.

> „Im Rahmen der Landschaftsgeographie wurden die kulturökologischen Probleme (…) vielfach in ganz bestimmter Weise aufgefasst: Man wollte das Kulturlandschaftsbild als (…) Ausdruck bestimmter Epochen, Kulturen, Gesellschaftsordnungen und kulturhistorischer Schicksale deuten" (Hard 1973: 23)

Infolgedessen wurden zuerst die „landschaftlichen Zeugen" gesucht, diese dann „chronologisch" geordnet und anschließend wurde dadurch dann der „Beitrag zum heutigen Kulturlandschaftsbild" gemessen (vgl. Hard 1973: 23 sowie Abb. 4).

Abb. 4: Ananlyse nach Hard (Graphik d. Verfassers)

In diesem Zusammenhang sei der Possibilismus erwähnt den Hard der Landschaftsgeographie zuschreibt, also die „Überzeugung der Willens- und Wahlfreiheit des Menschen (…), d.h. die Betonung der menschlichen Freiheit" (Hard 1973: 161).

Was Hard sogleich bemängelt an dieser Methode, ist die unterschiedliche Lebensdauer der verschiedenen landschaftlichen Zeugen. In Anbetracht dessen ergäben sich teilweise gewisse Kuriositäten.

4 Die Krise der Landschaftsgeographie

4.1 Der gesellschaftliche Einfluss auf die Wissenschaft

Schon als die traditionelle Landschaftsgeographie noch aktiv betrieben wurde, war man sich bewusst, dass Wissenschaften oder auch konkret Fachbereiche von der allgemeinen gesellschaftlichen Stimmung abhängig sind. Die Gesellschaft gab und gibt vermutlich immer noch die Richtung vor, in welche sich die Wissenschaft hin entwickelt. Eine Wissenschaft formt sich aus den „internen" (fachlichen) und den „externen" (gesellschaftlichen) Interessen (vgl. Schultz 1980: 269). Damit Interesse sich zu einer Wissenschaft entwickelt, muss sie zum einen in der Lage sein *„Schule" zu machen* und zum anderen mit den *dominanten Interessen* einer Gesellschaft konform gehen (Schultz 1980: 269 zit. nach Böhme et. al.).

Der Einfluss der Gesellschaft zeigt sich auch sehr gut an einem Aufsatz von HARD, in welchem er wissenschaftliche und nicht-wissenschaftliche Publikationen auf das Stichwort „Landschaft" hin untersucht. Zusammengefasst lässt sich sagen, dass HARD damit beweist, dass die gesellschaftlichen Interessen (für konkret diesen Fall) zusammenhängen mit den wissenschaftlichen Aktivitäten (vgl. Hard 1969: 106ff).

Man darf also sagen, dass das Interesse an der Landschaftsgeographie ein Allgemeininteresse war, das die Landschaftsgeographie abhängig war von diesem Allgemeininteresse. Hard belegt in seinem Aufsatz, dass mit dem Sinken der Anzahl der Publikationen, die das Wort „Landschaft" beinhalten, auch die Aktivitäten die unter dem Stichwort „Landschaftsgeographie" genannt sind.

Schultz untermauert sein Theoriegebilde ebenfalls mit einem Beispiel. Fassen lässt sich dieser gesellschaftliche Einfluss auf die Wissenschaft, wenn man Forschungsaufträge, Berufungen oder Prüfungsordnungen betrachtet (vgl. Schultz 1980: 269f).

4.2 Darwinismus der Wissenschaften- Abgrenzungsversuche zur Sozialgeographie

Da die Intensität oder auch das „Überleben" von Wissenschaften maßgeblich beeinflusst wird von äußeren Faktoren, „im geistigen Zeitstrom eingebettet ist und von ihm gespeist wird" (Schultz 1908: 271 zit. nach Muris 1934), ergibt sich daraus eine gewisse „Epochengebundenheit". KUHN spricht von einer darwinistischen Selektion, einer „natürlichen Auslese". In einer bestimmten „geschichtlichen Situation" wird demnach die „lebensfähigste" Möglichkeit gewählt (Schultz 1980:269 vgl. u. zit. nach Kuhn 1967).

Die Soziologie löst die Staatswissenschaft, die Statistik und die Geschichte als „Feinde" ab. Äußerungen von BOBEK, der befürchtet „über Nacht in der Soziologie zu sein und in unangenehme Auseinandersetzungen mit den empirischen Soziologen zu kommen" (Schultz 1980:238 zit. nach Bobek) oder auch von OTREMBA, der befürchtet, dass die Geographie zum „Knecht und Lückenfüller der Soziologie" (Schultz 1980:238 zit. nach Otremba) werden könnte, verdeutlichen diese Ängste. Die Nähe der (Landschafts-)Geographie rührt sicher auch daher, dass der Faktor Mensch eine so wichtige Rolle in ihr spielt. Betrachtet man die Methoden der (Landschafts-)Geographie, so scheint die Nähe zur Soziologie nicht weit her geholt.

Um sich von der Soziologie abzugrenzen, hielt man vehement am Untersuchungsgegenstand oder auch am Objekt „Landschaft" fest. WINKLER erklärt, dass die Geographie „vom Objekt her (…) tatsächlich eine (…) ,höhere' Ordnung ist" (Schultz 1908:239 zit. nach Winkler). Er folgert sogar, dass die Soziologie „der Geographie eingegliedert werden [muss]".

4.3 Sozialgeographie als Lösung

Als Lösung dieses Dilemmas könnte man die Sozialgeographie BOBEKS ansehen. Wie nahe diese Sozialgeographie der Landschaftsgeographie ist wird deutlich, wenn man die Fragestellung betrachtet, wie BOBEK sie formuliert hat. Er selbst schreibt ganz klar, dass diese neue Fragestellung „keine andere als die alte [Fragestellung] ist" (Schultz 1908:240 zit. nach Bobek). Diese neue Fragestellung beinhaltet erstens die „Erfassung von Landschaften und Ländern", zweitens die „Gliederung" der solchen, drittens „Erkenntnis der funktionellen oder historisch-genetischen Zusammenhänge ihrer Einzelelemente" und viertens die „menschliche Gesellschaft", welche „in den landschaftlichen Zusammenhang gestellt werden [muss]" (Schultz 1980:240 zit. nach Bobek).

5   Gegenwärtige Kritik an der Landschaftsgeographie

Die Liste der Kritikpunkte an der Landschaftsgeographie ist lang, schließlich muss jene den Untergang einer Wissenschaftsdisziplin rechtfertigen.

Ganz oben steht der Vorwurf gegen den *Untersuchungsgegenstand „Landschaft"* oder vielmehr gegen die Abgrenzung und Definition des solchen. Was genau ist die oder eine Landschaft denn nun? Wie bereits in Kapitel *„2.2. Definition der Landschaft"* ausgeführt wurde, gibt es einige Punkte, in denen man auf einen Nenner kam, Einigkeiten in Bezug auf die Eigenschaften einer Landschaft. Das Problem ist, dass eine Beschreibung dessen fehlt, was Landschaft nicht ist, oder was vernachlässigt werden darf bei ihrer Betrachtung. Denn eine Betrachtung sämtlicher Gegenstände die zu einer Landschaft gehören, ist praktisch unmöglich (vgl. Aschauer 2001: 19f). Wo also soll Landschaft eine Abgrenzung finden? Und welches sollen die Indikatoren sein, anhand derer man eine Linie zur Abgrenzung ziehen kann? Wenn Landschaftsgeographie eine einheitliche Wissenschaft sein soll und nicht aus lauter eigenbrötlerischen Arbeiten und Wissenschaftlern bestehen soll, ist es dann denn nicht zwingend erforderlich, dass eine gewisse Einigkeit herrscht?

Eng verknüpft mit dem Abgrenzungsproblem der Landschaft ist die *Sichtweise* der Landschaftsgeographie. Wie schon erwähnt, ist eine Wissenschaft stets in dem dazugehörigen Zeitgeist eingebettet und wird von diesem auch beeinflusst. Zu diesem Zeitgeist gehört die Annahme, dass es für ein Volk nur einen Boden gibt und dass Neuerungen, also Abwendungen vom Alten und Traditionellen etwas Schlechtes bedeuten (vgl. Werlen 2008: 91ff).

Ebenfalls kritisiert wird die *Vorgehensweise.* Wie bereits dargestellt, gibt es wohl einige Methoden- allerdings sind diese nicht wirklich einheitlich und ein klares Vorgehensschema stellen diese auch nicht dar. ASCHAUER formuliert das Problem anhand der Betrachtung der Vorgehensweise der allgemeinen Geographie. Während die allgemeine Geographie erst einen zu untersuchenden Gegenstand wählt und dann die Raumeinheit, in welcher er betrachtet wird, wählt die regionale Geographie zuerst die Raumeinheit und anschließend zu untersuchenden Objekte (vgl. Aschauer 2001: 13). Diese Vorgehensweise ist problematisch. Es gab keine Richtlinien für die Gegenstände, (also nicht der Untersuchungsgegenstand Landschaft, sondern die konkret zu untersuchenden Gegenstände, beispielsweise eine bestimmte Baumart) die untersucht werden sollten. ASCHAUER bezeichnet dieses Dilemma als „Theorie-Praxis-Problem" (vgl. Aschauer 2001:14).

Weiterhin gibt es häufig eine *Verwechslung in Bezug auf den Untersuchungsgegenstand*-sind das die landschaftsbildenden Gegenstände als Komplex („Landschaft$_1$") oder ist es die Landschaft selbst, also Klima, Relief und Siedlungen („Landschaft$_2$")? Beides ist richtig, aber wann wird was untersucht (vgl. Aschauer 2001:18)? Das eine Abgrenzung nicht stattfindet ist problematisch unter dem Aspekt, dass Landschaft$_2$ das Erkenntnismodell und Landschaft$_1$ das Erkenntnisobjekt sein soll. Dies bedeutet eine „implizite Gleichsetzung" der beiden- doch wozu etwas untersuchen, wenn Frage gleich der Antwort ist?

Die Erkenntnis dieser Verwechslung geht nahtlos in ein weiteres Problem über, und zwar in die Betrachtung der *Landschaft als „holistisch", als „System" oder als „Komplex".* Diese Vorstellung endet mit der Synthese, dass alles irgendwie mit allem verbunden ist. ASCHAUER verwendet den Begriff der „wissenschaftlichen Schmalkost" (Aschauer 2001:20), womit dieser Kritikpunkt wohl keiner weiteren Erläuterung bedarf.

Sicher wäre es möglich noch auf weitere Kritikpunkte einzugehen, jedoch reichen die eben genannten sicherlich aus um verständlich zu machen weswegen die Landschaftsgeographie heute in dieser Form nicht mehr existiert. Für eine ausführlichere Darstellung dieser und weiterer Kritikpunkte bieten sich die Werke von SCHULTZ (1980) und ASCHAUER (2001) an (siehe Anhang).

6 Der Einfluss der Landschaftsgeographie

Als Fazit lässt sich nun sagen, dass die traditionelle Landschaftsgeographie zwar als überholt angesehen werden kann, aber das ihr Einfluss auf die heutige Geographie dennoch nicht unterschätzt werden darf. Landschafts- und Länderkunden entstehen auch noch in der heutigen Zeit. Die Sozialgeographie, die aus der Landschaftsgeographie entstanden ist, existiert heute immer noch und wird auch noch ausgeübt.

Es gab nicht „die Landschaftsgeographie", es sind vielmehr Methoden und Vorgehensweisen die sich ähneln. Allerdings ist man sich einig, dass das zentrale Untersuchungsobjekt die (Kultur-) Landschaft ist und dass der Mensch eine wichtige Rolle spielt. Außerdem ist das Ziel stets die Beschreibung der Landschaft. Das keine Einheitlichkeit herrscht ist einer der wichtigen Kritikpunkte an der Landschaftsgeographie.

Es wäre sicher falsch, die Landschaftsgeographie als „ausgestorben" zu bezeichnen, entstehen doch auch heute noch Landes- und Ländekunden. Ihre Ausübung jedoch findet bestenfalls nur noch in geringem Maße statt.

Literaturverzeichnis

ASCHAUER, Wolfgang (2001): Landeskunde als adressatenorientierte Form der Darstellung. Ein Plädoyer mit Teilen einer Landeskunde des Landesteils Schleswig. In: Forschungen zur deutschen Landeskunde. Band 249.

FLIEDNER Dietrich (1993): Sozialgeographie. Berlin.

HARD, Gerhard (1969): Die Diffusion der Idee einer Landschaft. Primärlinien zu einer Geschichte der Landschaftsgeographie. In: Osnabrücker Studien zur Geographie. Band 22. S. 103-132

HARD, Gerhard (1973): Die Geographie. Eine wissenschaftsorientierte Einführung. Berlin.

LAUTENSACH, Hermann (1938): Über die Erfassung und Abgrenzung von Landschaftsräumen. In: PFAFFEN, KARLHEINZ (Hg.): Das Wesen der Landschaft. Wege der Forschung. Band XXXIX. Darmstadt. S. 20-37.

SCHULTZ Hans Dieter (1980): Die deutschsprachige Geographie von 1800 bis 1970. Ein Beitrag zur Geschichte ihrer Methodologie. In: Abhandlungen des geographischen Instituts. Anthropogeographie. Band 29.

WERLEN, Benno (2008): Sozialgeographie. Stuttgart.

Verwendete Lexika

LEXIKON DER GEOGRAPHIE IN VIER BÄNDEN. Gast bis Ökol (2001). Brunotte E., Gebhardt H., Meurer M., Meusburger P., Nipper J. (Hrsg.). Berlin.

DIERKE. WÖRTERBUCH ALLGEMEINE GEOGRAPHIE (1997). Leser, H. (Hrsg.). München.

LEXIKON DER GEOWISSENSCHAFTEN. Band 3. (2001). Ulm.